得出结论靠"推理"贴纸

第 18 — 19 页

第 23 页

第 24 页

嘟当曼
玩转编程

DECHU JIELUN KAO TUILI

得出结论靠"推理"

编程猫　编绘

接力出版社
Publishing House

写给小朋友们的话

——李天驰 （编程猫创始人兼CEO）

亲爱的小朋友们：

在20多年前，当我还是一个"小朋友"时，因为想动手修改一个游戏，我第一次接触了编程。但当时学习资源匮乏，甚至没有多少人知道"编程"这个词。2015年，我在欧洲学习人机交互与设计，发现当地的孩子们早早就开始了编程学习。

也许你们已经注意到，身边越来越多的电子设备被赋予了越来越多的功能，这些都是靠编程实现的。到2022年，我国很多城市将把编程纳入中学的必修课程。作为人与机器之间的交流工具，编程将成为最常用的沟通语言。

不过不用着急，学习编程，可以从掌握它的思维模式开始。

编程的思维模式可以概括为四大类型：分解问题、模式认知、抽象思维和算法设计。乍一看，你们可能不明白它们都是什么。我们从编程思维中抽取了四种基本的思维模式——顺序执行、模式识别、条件判断和逻辑推理。在这套书里，你们将从最直观的"顺序执行"入门，感受分步骤、按顺序解决问题的思路。然后学习"模式识别"，找到不同事物的相似之处，进而归纳总结出解决问题的规律。继而是涉及变量更多的"条件判断"，掌握计算机基本的运行逻辑。最后是考核综合能力的"逻辑推理"，它是软件工程师必备的思维方式。

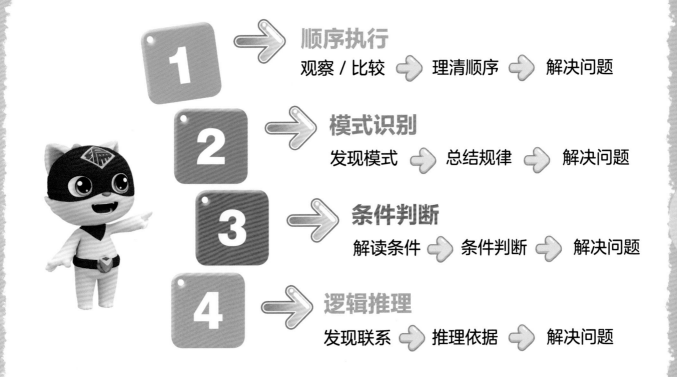

1 ➡ **顺序执行**
观察／比较 ➡ 理清顺序 ➡ 解决问题

2 ➡ **模式识别**
发现模式 ➡ 总结规律 ➡ 解决问题

3 ➡ **条件判断**
解读条件 ➡ 条件判断 ➡ 解决问题

4 ➡ **逻辑推理**
发现联系 ➡ 推理依据 ➡ 解决问题

在本书中，你们将通过"嘟当曼剧场"的小故事了解"逻辑推理"到底有多棒。接下来的"编程思维训练"板块将"逻辑推理"与比较、归纳、判断、观察、分析、分类和抽象等多种思维方式结合。最后的"小火箭编程"板块，你们可以边做游戏边学习"逻辑推理"在编程中的应用。

编程思维训练

主题	内容
比较·归纳·判断	比较不同场景，归纳每个场景的任务，做出判断，选择合适的工具车
比较·分析·综合	比较、分析已知信息，综合处理后，找到送包裹的路线
观察·分析·推理	观察细节，分析每个人物喜欢的物品，通过推理的思维方式，将礼物与人物连线
比较·分析·分类	比较、分析事物的异同，并进行分类，选出合适的食物
观察·比较·抽象	观察、比较事物的异同，对得到的信息进行抽象化处理，将脚印与人物连线

✦ 编程之旅即将开启，你们准备好了吗？ ✦

目录

　　幼儿园的小伙伴们正在举办一场歌唱比赛，鼹鼠田田拿着麦克风，放声歌唱："我是小鼹鼠田田，最会挖地打洞……"

　　淘淘曼循着声音找过来，气鼓鼓地说："哼，又不带我一起玩！"他冲上舞台，想从田田手里夺走麦克风。

1

田田不高兴了："不行，我还没唱完呢！"

他们俩谁都不肯放手。

一不小心，麦克风被他们高高地抛了出去，掉进了地洞。

这下可糟了！没有麦克风，歌唱比赛就不能继续进行了。但是地洞内部错综复杂，每条通道都通向不同的地方，小伙伴们怎样才能找回麦克风呢？

鼹鼠田田说:"别担心,我马上就把麦克风找回来。"

他在地下钻来钻去,可是地洞太复杂了,田田累得上气不接下气,也没找到麦克风。

大家开始想其他办法。

波波说："我觉得应该往地洞里灌水，这样麦克风就能浮起来了。"

噜噜看了看地洞，说："我觉得我们应该在洞口喊一喊，如果地洞里有麦克风，声音就会从大音箱里传出来。"他们都觉得自己的办法最厉害，吵了起来，最后决定去找编程猫评判。编程猫想到一个好主意——推理。

得出结论靠"推理"

　　学会"推理"，可以节省时间和力气哟！如果你想知道哪个办法最好，就要先想想它们对应的结果，对比了结果之后就能推理出哪个办法最好了！小朋友，请你帮帮忙，连一连每个办法对应的结果，并说一说哪个办法最好。

请鼹鼠田田逐个地洞寻找

往地洞里灌水，让麦克风浮起来

对着每个洞口大喊

与麦克风相连的音箱发出声响

鼹鼠田田的家被水淹了

鼹鼠田田边找边擦汗，很久都没有找到

小伙伴们决定一个挨一个地对着洞口大喊，结果波波的声音从喇叭里传了出来。

大家终于知道麦克风掉到哪个地洞里了！

看着累得动不了的鼹鼠田田，妮妮建议说："我们请嘟当曼变成挖土机，来帮忙把麦克风挖出来吧。"

大家一起呼唤嘟当曼："嘟当曼，帮帮忙！"

听见小伙伴们的呼唤，嘟当曼出现了。

得知事情的原委后，热心的嘟当曼变身成挖土机，想要帮助小伙伴们挖出麦克风。可是大家发现这辆挖土机没有铲斗，无法挖土！

小伙伴们四处寻找可以挖土的零件。

妮妮和噜噜发现了三种工具，应该用哪一种呢？

哪种工具最适合做挖土机的铲斗呢？试着推理一下吧！

分别用下图中的三种工具挖土，猜一猜，它们在地上留下的痕迹相同吗？请你将左边的工具和右边挖土后留下的痕迹用线连起来吧！

叉勺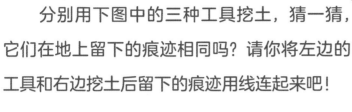

空心锅铲

夹子

引导孩子观察并对比三种工具的形状，然后根据形状的差异推理出每种工具挖土后留下的痕迹。

　　小库将找到的叉勺改成铲斗，然后安装到挖土机上。一切准备就绪，挖土机开始工作，它将铲斗对准地洞口不断挖土，最后成功地挖出了麦克风。小伙伴们又可以进行歌唱比赛了！

逻辑推理

在寻找麦克风的过程中，小伙伴们通过逻辑推理得出结论：对着洞口大喊找到麦克风的位置；根据工具挖土的痕迹确定叉勺更适合当铲斗。

"逻辑推理"即从已知的现象出发，找出其中蕴含的逻辑，然后推断出合乎逻辑的结论的过程。它是思维的基本形式之一，可以帮助我们理解事物的运作规律，帮助我们顺利地解决问题。

逻辑推理不仅可以应用于日常生活，还被广泛应用在数学、哲学、人工智能和其他科技领域。你知道在开发软件时是怎么运用逻辑推理的吗？

开发手机软件

以开发手机软件为例，软件工程师必须从用户的需求（已知条件）出发，运用"逻辑推理"的方法，不断地测试、修改，才能设计出好用的软件。

1 调查用户需求

2 根据调查结果设计软件原型

3 通过编程实现效果

4 测试与修改软件

5 软件做好啦

设计闹钟软件

软件工程师先做出软件的原型，就像画画时的草图，然后邀请不同身份的人进行测试，并请测试者根据自己的需求提出宝贵的意见。

使用者 A

需求：
星期一到星期五 7:30 起床
星期六到星期日 8:30 起床

意见：
区分工作日和休息日

使用"逻辑推理"，找到解决方案：
增加设置闹钟的条件，区分工作日和休息日

企业职工

使用者 B

需求：
7:00 宝妈起床
8:00 宝宝起床

意见：
满足不同人不同时间的叫醒需求

使用"逻辑推理"，找到解决方案：
可以设置多个闹钟，适应不同人的作息时间

宝妈

步骤二

收集意见后，软件工程师修改了原来的设计。

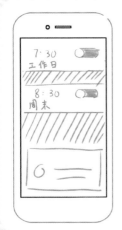 

小朋友，请你找一找，软件工程师修改了哪些地方呢？

步骤三

软件做好啦！

再也不会分不清工作日和休息日啦！

可以在不同时间叫醒我和宝宝，真贴心！

共读建议

1. 为孩子讲解企业职工提出的需求：为不同的日子设计时间不同的闹钟。
2. 为孩子讲解宝妈提出的需求：一天内设置多个时间不同的闹钟。
3. 带领孩子对比修改前和修改后的闹钟软件，并提问：软件工程师修改了哪些地方？为什么这样修改呢？
4. 启发孩子思考：你想要什么样的闹钟软件呢？

编程思维训练

逻辑推理的方法包括观察、比较、判断和归纳等。小朋友，掌握抽象逻辑思维能力，是你长大的重要标志哟！请你运用这些推理的方法帮助小伙伴们解决问题吧！

逻辑推理

现象

↓

逻辑推理 ——— 观察

比较

归纳

......

↓

结论

"逻辑推理"的方法有很多，根据实际需要，选择最合适的一种或多种方法，才能更好地解决问题！

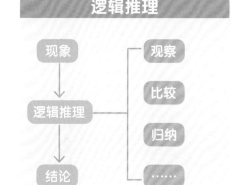

小伙伴们齐心协力，终于找到了麦克风，可是草坪却被挖得坑坑洼洼的，一点儿也不美观，于是大家决定将草坪修复。嘟当曼想帮助大家，于是他变成了各种工具车。

小朋友，请你为不同的场景选出正确的工具车，并将它贴到相应的位置，帮助小伙伴们完成修复草坪的工作吧！

场景一：草坪上有一块大石头

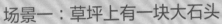
修复草坪

场景二：草坪上有一些装满沙土的竹筐

共读建议

1. 引导孩子观察四个场景，说一说每个场景中需要完成的任务。
2. 让孩子逐个分析工具车的作用，并将它们贴到对应的场景中。

场景三：新铺的草皮需要浇水

有害垃圾
Harmful Waste

厨余垃圾
Kitchen Waste

可回收物
Recyclable

场景四：分类装好的垃圾堆放在草地上

19

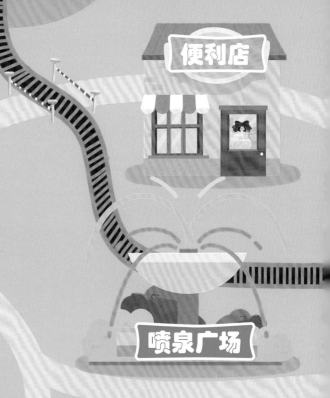

便利店

快递公司

面包店

喷泉广场

包裹到谁家

　　鼹鼠田田来到快递公司，邮寄送给小伙伴们的礼物。你能根据小库和波波提供的信息，帮助快递员将包裹送到小库和波波的家吗？

　　从快递公司到我家的路上，有时你能听到火车的鸣笛声。到我家门口时，你能听到小溪流淌的声音。

　　从快递公司到我家的路上，你能闻到面包的香味。快到我家的时候，你能闻到花香。

共读建议

1. 为孩子读出小库和波波提供的信息。
2. 引导孩子根据线索找出小库和波波的家,并用笔画出快递员送包裹的路线。
3. 让孩子说一说快递员在送包裹的路上能听到什么,闻到什么。

火车站

礼物连连看

小伙伴们都收到了鼹鼠田田送的礼物。你能根据下面两组图片，猜猜他们分别收到了什么礼物吗？小朋友，请你用线连一连吧！

谁的盘中餐

鼹鼠田田邀请小伙伴们来家中做客，并为他们准备了丰盛的菜肴。

请你把鼹鼠田田和编程猫各自喜爱的食物贴到对应的餐盘里吧！

鼹鼠田田的餐盘　　　　　　　　　　编程猫的餐盘

共读建议

1. 向孩子提问：猫喜欢吃什么？鼹鼠喜欢吃什么？

2. 知识拓展：鼹鼠主要以草根和昆虫为食，也会吃蚯蚓、小鸟等
   动物；猫是肉食性动物，野猫会捕食鼠类和鱼类等。

谁的脚印

在小伙伴们回幼儿园的路上下起了大雨，地上留下了一串串大小不一的脚印。小朋友，你知道下图中的四个脚印分别是谁的吗？在脚印上面贴上对应的人物头像贴纸吧！

小火箭编程

源码世界是一个"万物皆可编程"的宇宙，嘟当曼第一次来做客，遇到了一些难题。小朋友，你能用推理的方法帮帮他吗？坐上小火箭，向源码世界出发吧！

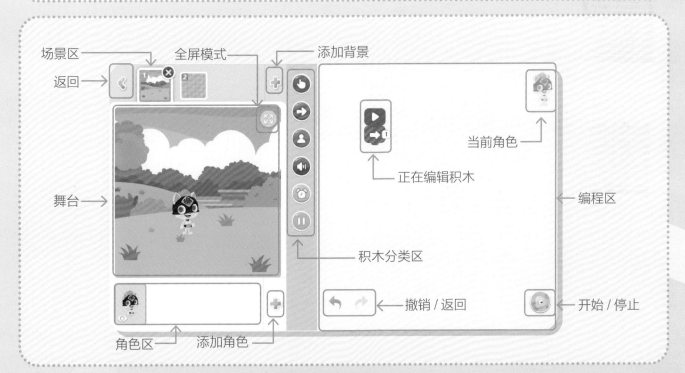

场景区　全屏模式　添加背景

返回

当前角色

正在编辑积木

舞台

编程区

积木分类区

撤销 / 返回

开始 / 停止

角色区　添加角色

编程界面示意图

我是大侦探

小鸟的好朋友们都藏在哪儿了？小朋友，请你帮它找到藏在森林里的小青蛙、小刺猬和毛毛虫吧！

如果你是大侦探，你能推理出它们藏在哪儿吗？根据你的推理点击遮挡物，就能找到它们啦！

扫一扫，跟着视频一起做

▶ **第一步**

场景布置

　　添加背景，小青蛙已经在图上了，再添加小鸟、小刺猬和毛毛虫，将它们放在合适的位置上。然后为小青蛙、小刺猬和毛毛虫添加遮挡物，分别是荷叶、树桩和树叶。

▶ **第二步**

编程学堂

　　藏好的小青蛙、小刺猬和毛毛虫都不需要动，我们只要为它们的遮挡物拼接积木即可。完成后，运行游戏，看看效果吧！

共读建议

1. 扫描二维码观看教学视频。

2. 在手机或平板电脑上下载"小火箭幼儿编程"App，注册并登录账号。

3. 根据教学视频的步骤进行创作，提示孩子小青蛙、小刺猬和毛毛虫一般会藏在什么地方，根据推理给它们设计藏身之处。

神秘宝藏

寻宝者若想得到埋藏在深海里的神秘宝藏，就要先破解守护者留下的谜题。小朋友，请你来设计谜题，考考寻宝者吧！

屏幕上的小鱼们出了一道数学题，点击正确答案，宝箱就会打开啦！

扫一扫，跟着视频一起做

▶ **第一步**

场景布置

　　从素材库添加背景和宝箱后，再添加 6 条小鱼、角色"2"和角色"3"，并且在画板工具上绘制一个减号，将它们摆放好。

▶ **第二步**

编程学堂

　　分别给两个答案拼接积木。记得用推理的方式思考哟！这道题的答案是 2，因此要通过积木实现这样的效果：点击角色"2"，它就会缩小，且屏幕切换到成功画面。

共读建议

1. 扫描二维码观看教学视频。

2. 在手机或平板电脑上下载"小火箭幼儿编程"App，注册并登录账号。

3. 根据教学视频的步骤进行创作，提示孩子两种答案要设计成不同的效果，才能体现正确和错误的区别。

★ 参考答案

第 6 页

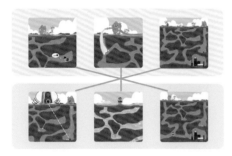

第 11 页

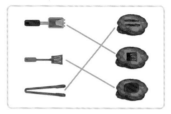

第 18 — 19 页

场景一　场景二

场景三　场景四

第 20 — 21 页

波波的家　　小库的家

第 22 页

第 23 页

鼹鼠田田的餐盘　　编程猫的餐盘

第 24 页

图书在版编目（CIP）数据

得出结论靠"推理" / 编程猫编绘. —南宁：接力出版社，2020.12
（给孩子的万物编程书. 嘟当曼玩转编程）
ISBN 978-7-5448-6873-0

Ⅰ.①得… Ⅱ.①编… Ⅲ.①程序设计－儿童读物 Ⅳ.①TP311.1－49

中国版本图书馆CIP数据核字(2020)第204349号

责任编辑：陈潇潇　美术编辑：王　辉
责任校对：刘会乔　责任监印：史　敬
社长：黄　俭　总编辑：白　冰
出版发行：接力出版社　社址：广西南宁市园湖南路9号　邮编：530022
电话：010-65546561（发行部）　传真：010-65545210（发行部）
http://www.jielibj.com　E-mail:jieli@jielibook.com
经销：新华书店　印制：北京华联印刷有限公司
开本：889毫米×1194毫米　1/20　印张：2　字数：30千字
版次：2020年12月第1版　印次：2020年12月第1次印刷
定价：21.50元